从银河系到宇宙

蓝灯童画　著绘

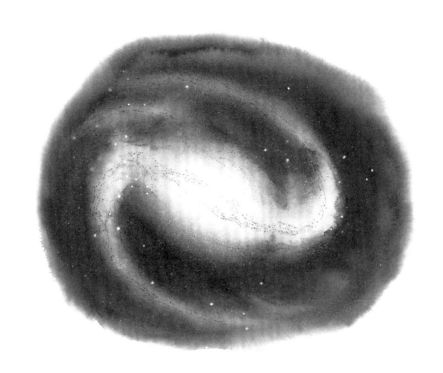

读者出版传媒股份有限公司
甘肃科学技术出版社

在北半球的夏夜，我们看到的是银河系的中心，星星特别密集。

在北半球的冬夜，我们看到的是银河系的边缘，星星看起来就少很多。

　　晴朗的夏夜，如果在远离城市和灯光的地方仰望星空，我们会看到天空中有一条由无数星星组成的光带，这就是银河系。

虽然银河系里有无数个像太阳那样发光发热的恒星，但是因为太遥远了，所以整个银河系看上去仍然像一片云雾。

银河系由无数颗恒星汇聚而成。

中国古代神话中，银河是一条分隔牛郎和织女的天河。

西方古代神话中，银河系是一条流淌在天上的乳汁河。

古时候，人们并不知道这条光带是什么，怎么来的，于是想象了很多故事。

天文望远镜是现代天文学的基础，我们所知道的关于太空的一切信息，几乎都是通过天文望远镜发现的。

1609 年，伽利略通过天文望远镜观测发现，银河是由无数颗星星组成的。

银河系是一个棒旋星系，呈椭圆盘形。

其实银河系并不像一条河，从它的正上方看过去，它更像一个盘子，或者在热水中旋转的荷包蛋。

银河系的大部分恒星都集中在"荷包蛋"的蛋黄位置，它的中心叫做银核，四周叫做银盘。

　　它的侧面薄薄的，像盘子和荷包蛋的侧面一样。我们居住的地球在银河系的里面，所以我们看到的银河，一直都是它侧面的一部分。

不同演化阶段的恒星，颜色也不一样，蓝色是新生的恒星，黄色和红色是
中年和老年阶段的恒星。

黑洞

中子星

白矮星

天鹰星云

　　银河系包含着不同演化阶段的天体，从孕育恒星的星云，到生机勃勃的恒星，
再到恒星的生命终点——黑洞、中子星和白矮星。

集合：尘埃、气体和恒星在引力作用下聚集在一起。

尘埃

气体

恒星

①

转动：引力使聚集在一起的云团旋转起来。

②

收缩：新的恒星绕着云团中心旋转，云团开始收缩，变得更扁平。

③

④

旋臂形成：扁平的云盘继续旋转，旋臂形成。

银河系

　　有些科学家认为，是恒星的引力把宇宙中的尘埃和气体聚集在一起，旋转收缩，最后形成了这样一个大旋涡。

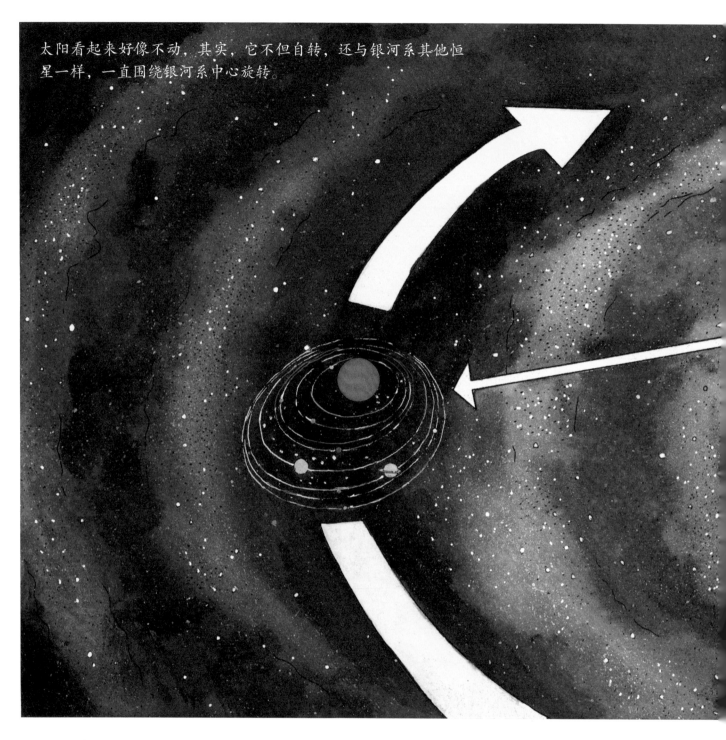

太阳看起来好像不动，其实，它不但自转，还与银河系其他恒星一样，一直围绕银河系中心旋转。

我们居住的太阳系，是银河系中一个小小的恒星系统。

它和银河系中千千万万的恒星系统一样，都围绕着银河系中心旋转。

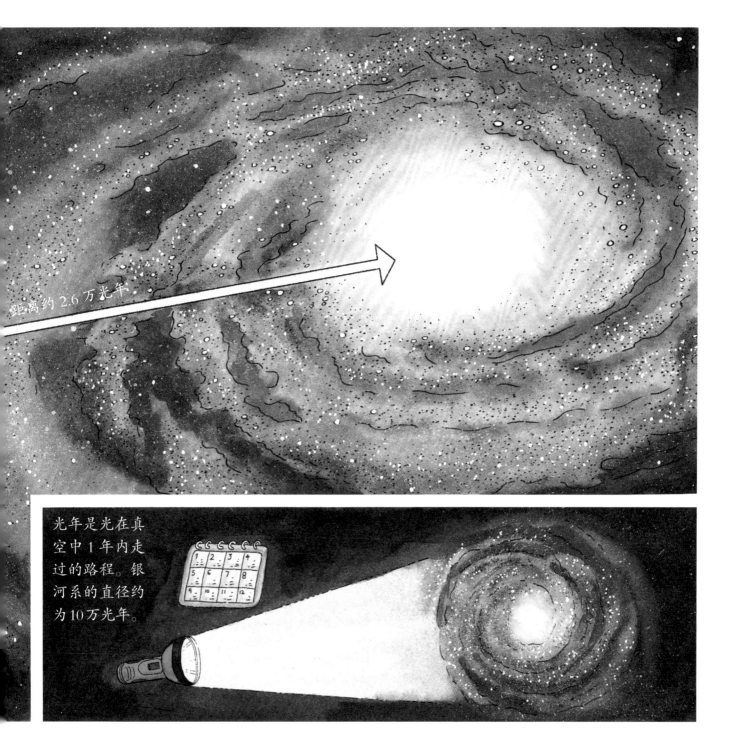

距离约 2.6 万光年

光年是光在真空中 1 年内走过的路程。银河系的直径约为10万光年。

　　太阳到银河系中心的距离非常遥远，我们无法用日常的计量单位来计算这个距离。为此，科学家专门使用了一种测量宇宙空间距离的单位：光年。

仙女星系是银河星系最大的邻居，看上去它也是一个大旋涡。

　　宇宙里还有没有像银河系一样的其他星系呢？最初，人们认为银河系就是整个宇宙。

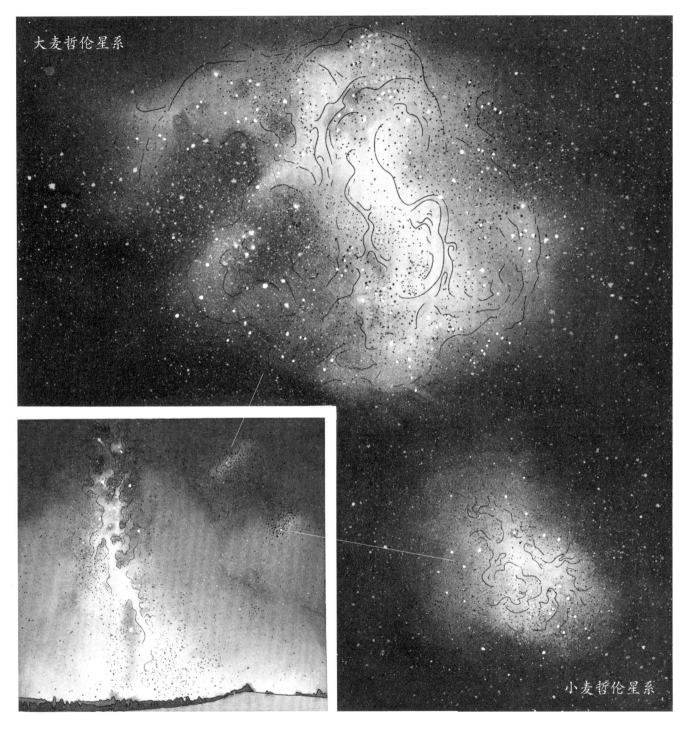

大麦哲伦星系

小麦哲伦星系

　　后来，人们不但发现了仙女星系，还在南半球的夜空发现了大、小麦哲伦星系。它们都是银河系的邻居。

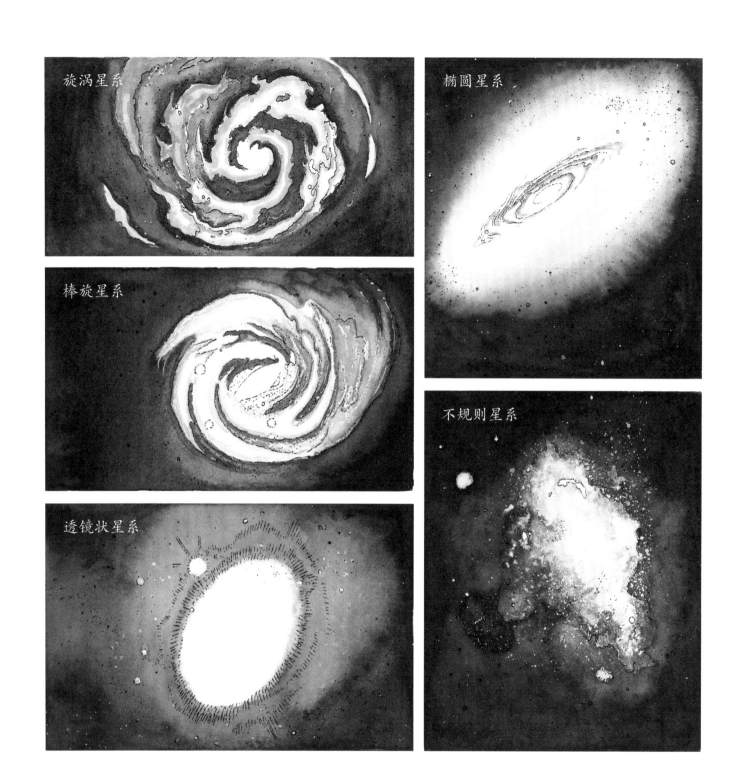

旋涡星系

椭圆星系

棒旋星系

不规则星系

透镜状星系

　　宇宙中的星系，有各种各样的形状，大致可以分为五类：旋涡星系、棒旋星系、椭圆星系、透镜状星系和不规则星系。

旋涡星系旋转的速度非常慢，旋转一圈需要几百万年的时间。

理想状态的旋涡星系，应该是所有天体整齐排列成一圈又一圈的椭圆轨道，围绕着星系核心运行。

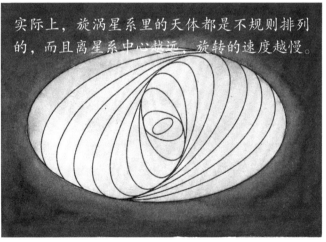

实际上，旋涡星系里的天体都是不规则排列的，而且离星系中心越远，旋转的速度越慢。

旋涡星系是由恒星、尘埃和气体等组成的旋涡，中间的核心像一颗压扁的球。

NGC 1300 是典型的棒旋星系，恒星都集中在旋臂上。

棒旋星系是旋涡星系的一种，看上去像旋转的木棒，棒梢还拖着长长的云气。

椭圆星系只有少量的气体和尘埃，几乎无法产生新的恒星。

椭圆星系通常由年老的红色和黄色恒星组成，外形呈椭圆形。

不规则星系通常是由星系碰撞产生的

大小麦哲伦星系就是典型的不规则星系。

不规则星系就像它的名字,并没有一个具体的形状,里面包含着大量的气体、尘埃和蓝色的年轻恒星。

　　透镜状星系就像一片不带镜框的眼镜片。它是旋涡星系向椭圆星系过渡的一种状态。

几个年轻的旋涡星系，里面包含很多新生的恒星。

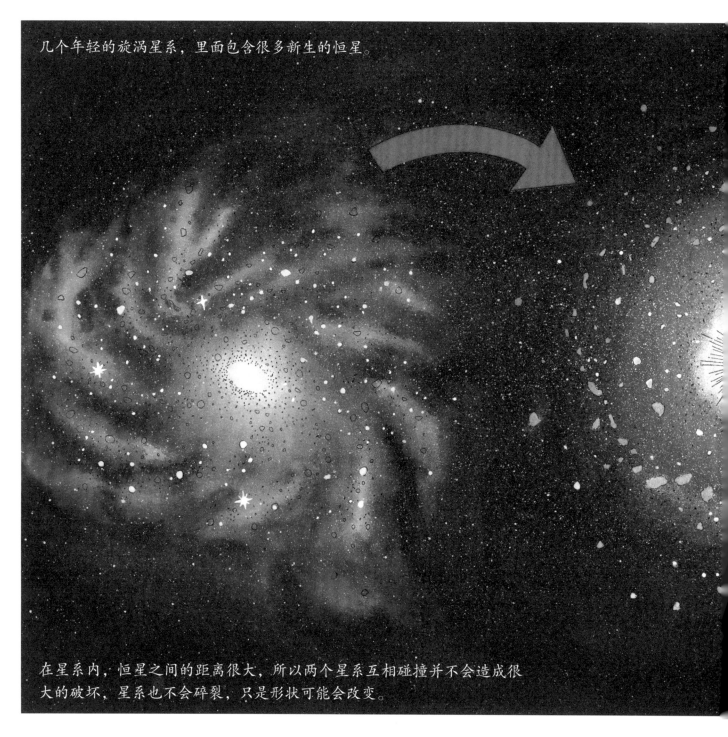

在星系内，恒星之间的距离很大，所以两个星系互相碰撞并不会造成很大的破坏，星系也不会碎裂，只是形状可能会改变。

星系的形状和状态并不是永远不变的。

恒星慢慢变老，新形成的恒星变少，星系进入中老年期。

旋涡星系内的恒星变老，逐渐变成椭圆星系。

在漫长的时间长河中，有些星系越来越近，甚至发生碰撞，形状会发生改变。许多小型旋涡星系发生碰撞后，构成大型椭圆星系。

中国的球面射电天文望远镜，简称 FAST，
被誉为"中国天眼"。

现在，人们建立了很多天文台。

　　通过更先进的望远镜，天文学家们不仅能观测更辽阔的宇宙，还能接收来自浩渺宇宙里的信号。

晴朗的夜晚，星星在天空中一闪一闪地眨着眼睛，它们到底是什么样子的呢？

　　从古到今，人们对头顶上的这片星空充满好奇，它们神秘又遥远，人们总想靠近它们一探究竟。

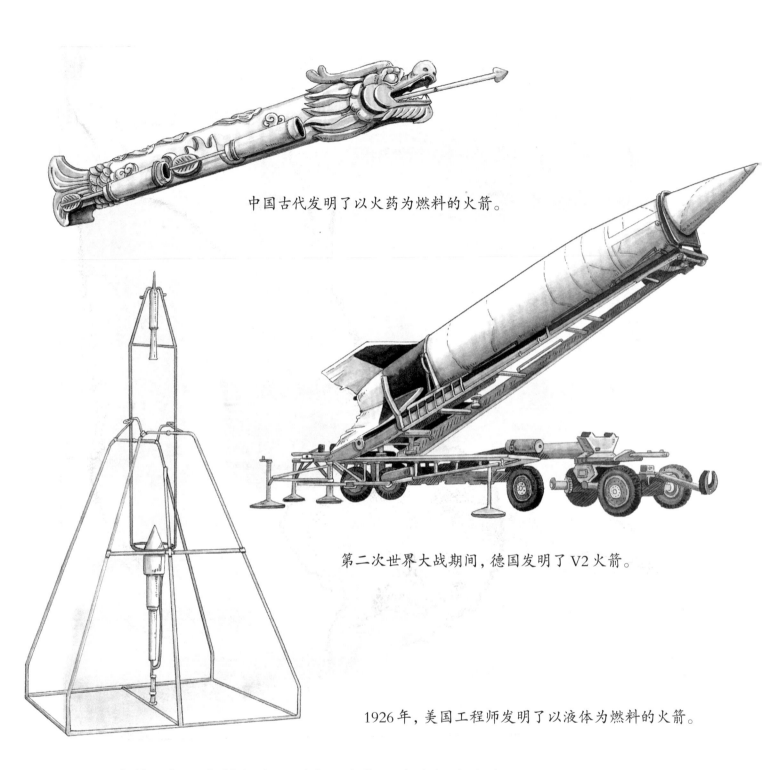

中国古代发明了以火药为燃料的火箭。

第二次世界大战期间，德国发明了 V2 火箭。

1926 年，美国工程师发明了以液体为燃料的火箭。

火箭最初用在战争中，后来，人们用它来探索太空。

斯普特尼克 1 号（Sputnik-1）人造卫星

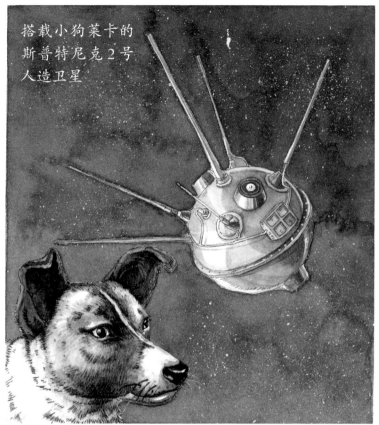

搭载小狗菜卡的斯普特尼克 2 号人造卫星

电星一号通信卫星

20 世纪 50 年代之后，人类把人造卫星送入太空，运送卫星的就是火箭，称为运载火箭。

宇宙中没有空气，所以火箭必须搭载作为燃料的液态氢以及帮助燃料燃烧的氧气。

第二级火箭

第一级火箭

要想让航天器冲破大气层，飞入太空，需要使用多级运载火箭。

这种火箭能够在发射之后分阶段抛弃自身的大部分无用质量，只留下火箭尖端小小的一部分。

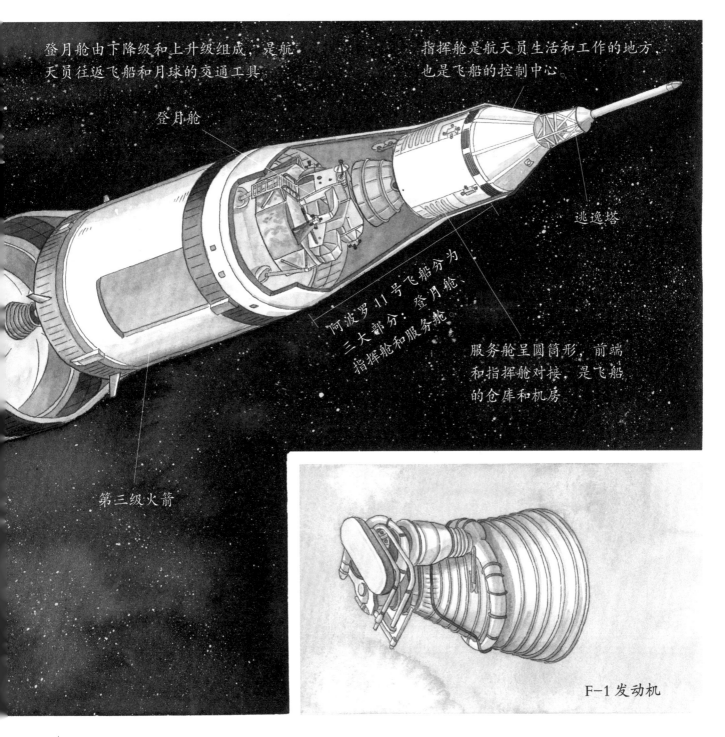

登月舱由下降级和上升级组成，是航天员往返飞船和月球的交通工具。

登月舱

指挥舱是航天员生活和工作的地方，也是飞船的控制中心。

逃逸塔

阿波罗 11 号飞船分为三大部分：登月舱、指挥舱和服务舱。

服务舱呈圆筒形，前端和指挥舱对接，是飞船的仓库和机房。

第三级火箭

F-1 发动机

10、9、8、7、6、5、4、3、2、1，点火！

1969 年，土星 5 号运载火箭搭载着"阿波罗 11 号"宇宙飞船，载着三名航天员成功冲破大气层，飞向月球。

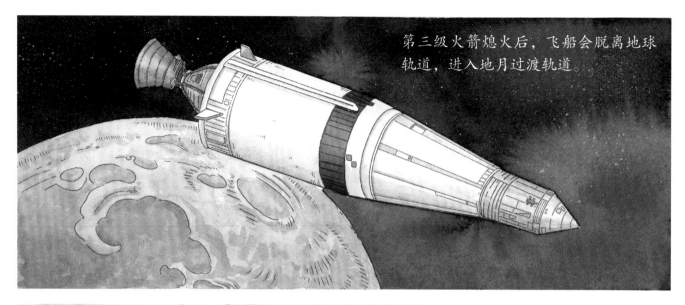

第三级火箭熄火后，飞船会脱离地球轨道，进入地月过渡轨道。

航天员把飞船调转180°，把指挥舱端的锥状对接杆插入登月舱的接孔，第三级火箭与飞船彻底分离。登月舱便会飞向月球。

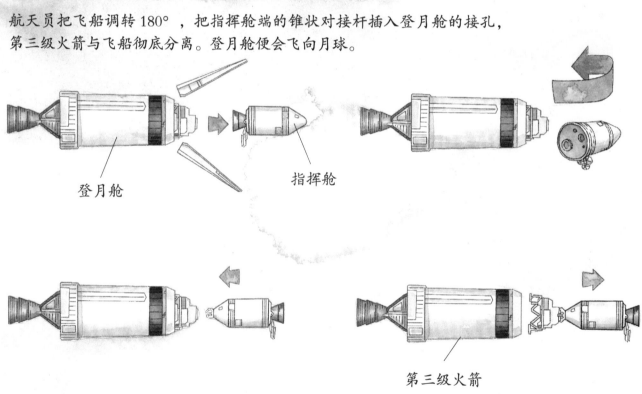

登月舱

指挥舱

第三级火箭

火箭能直接飞到月球上吗？

不能哦，火箭的任务是把飞船送入飞往月球的轨道。

阿姆斯特朗是第一位踏上月球的航天员，他说："这是我个人的一小步，却是人类的一大步。"

终于登上月球啦！

登月舱像一只金属蜘蛛，它可以载着航天员缓缓下降，降落在月球表面。

月球的引力只有地球的六分之一，只用小型火箭发动机就能驱动登月舱回到月球轨道。

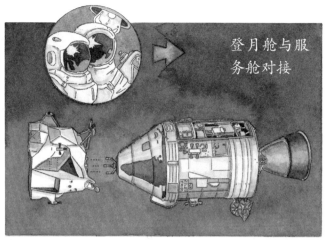

登月舱与服务舱对接

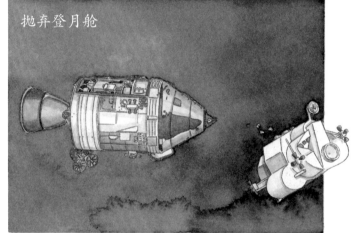

抛弃登月舱

服务舱点火，做向地飞行

　　航天员在月球上采集了岩石标本，并进行探测后，准备返回地球。他们点燃登月舱上升段火箭，飞离月球，和等待在月球轨道上的飞船会合。

航天员回到地球之后，需要集中起来进行医学隔离，观察有没有感染上来自太空的病毒。

在返回地球的途中，航天员会依次抛弃登月舱、服务舱，乘坐指挥舱返回地球。到达合适的高度时，再抛弃指挥舱，用降落伞降落。

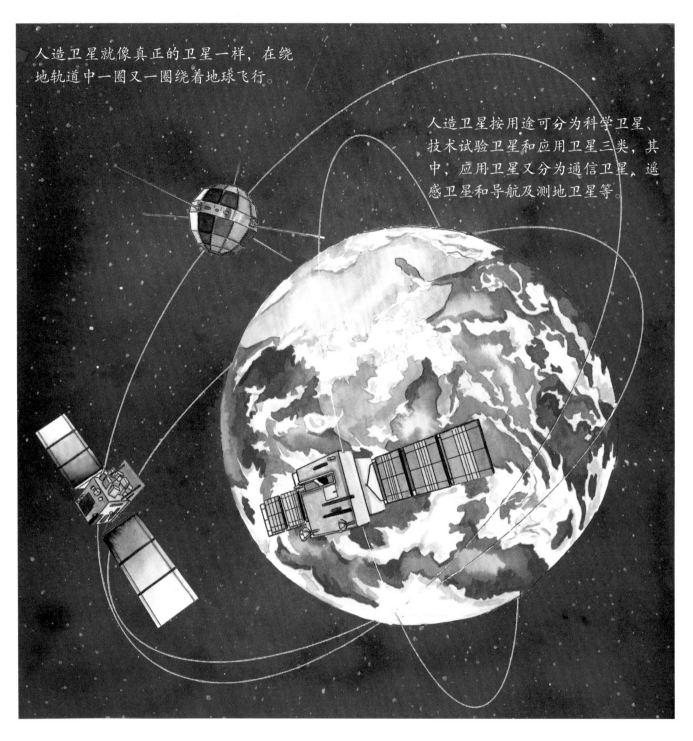

人造卫星就像真正的卫星一样，在绕地轨道中一圈又一圈绕着地球飞行。

人造卫星按用途可分为科学卫星、技术试验卫星和应用卫星三类，其中，应用卫星又分为通信卫星、遥感卫星和导航及测地卫星等。

人造卫星是一种无人航天器，是人们发射最多的航天器。1957 年，苏联发射了世界上第一颗人造卫星。

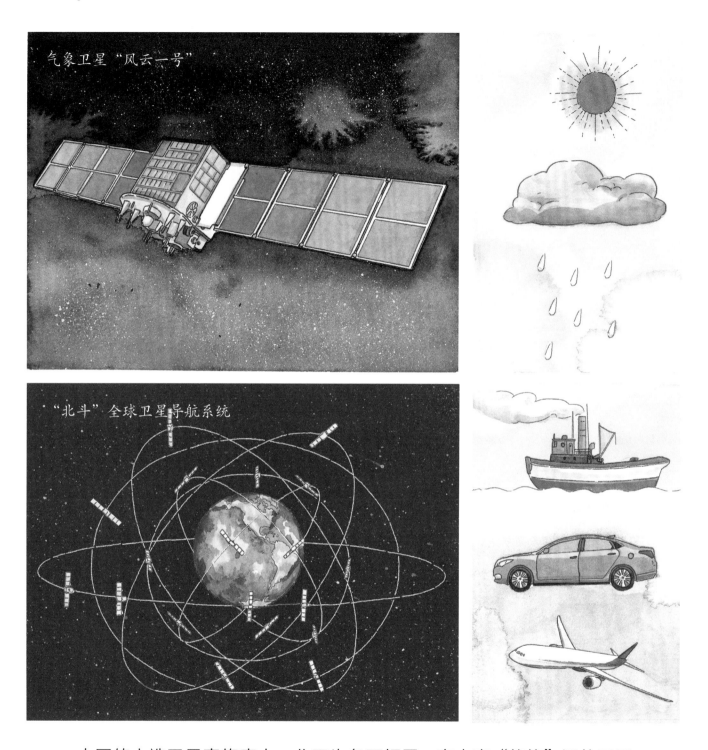

气象卫星"风云一号"

"北斗"全球卫星导航系统

　　中国的人造卫星家族庞大，分工也各不相同，有太空"信使"通信卫星、太空"气象站"气象卫星、太空"广播员"广播卫星等。它们像高高在上的观察者，能对地球进行全方位的观测，并及时通知人们。

航天飞机由三个组成部分：航天员
乘坐的轨道器、装有液体燃料的外
贮箱，以及固体燃料助推器。

外贮箱

轨道器

固体燃料助推器

在发射过程中，只有外贮箱会
在降落大气层的过程中烧毁，
轨道器和固体燃料助推器都是
可以回收重复使用的。

　　航天员和人造卫星要进入太空，除了乘坐火箭，还可以乘坐航天飞机。与
"一次性"的运载火箭不一样，航天飞机是飞机和火箭的结合体，是一种可以
重复使用的航天飞行器。

航天飞机往返太空步骤

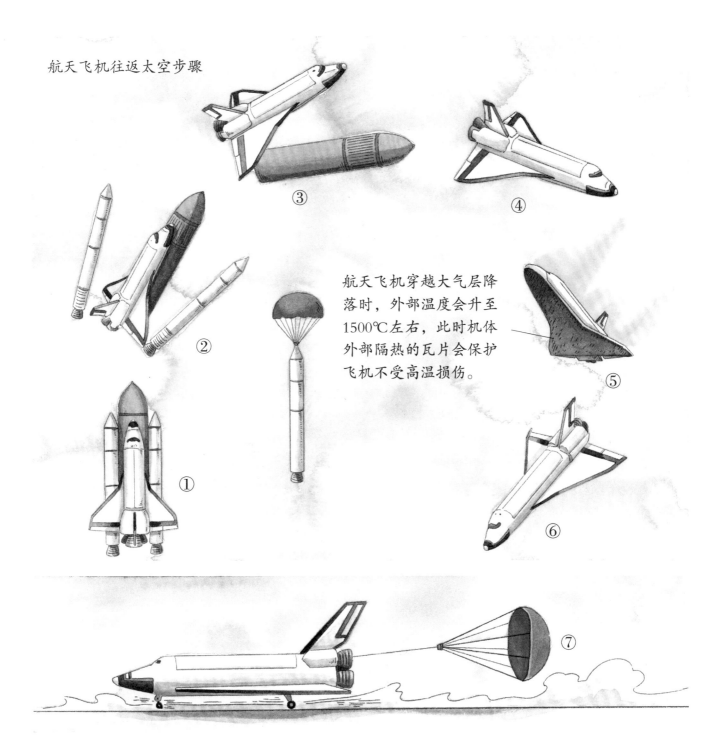

航天飞机穿越大气层降落时，外部温度会升至1500℃左右，此时机体外部隔热的瓦片会保护飞机不受高温损伤。

①
②
③
④
⑤
⑥
⑦

　　航天飞机可以搭载着航天员和器材到国际空间站，也可以把结束任务的航天员载回地球。

空间站位于地球上方，和人造卫星一样，它也是沿地球轨道运行的。

太阳能电池板，能朝向太阳的方向转动。

尽管可以进入太空，但宇宙飞船和航天飞机停留的时间太有限了，人们又发明了载人航天器——空间站。空间站可以让航天员长期在太空工作和生活。

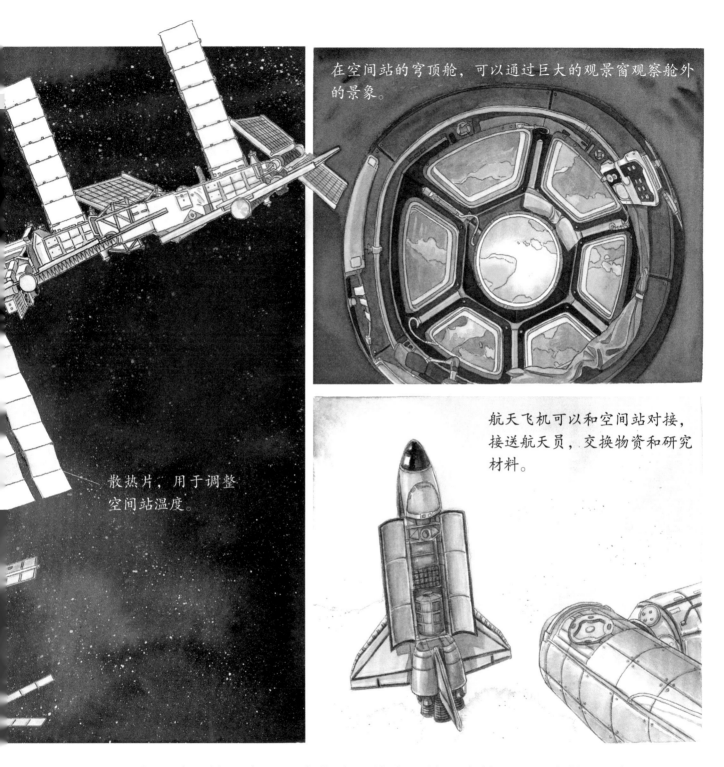

在空间站的穹顶舱，可以通过巨大的观景窗观察舱外的景象。

散热片，用于调整空间站温度。

航天飞机可以和空间站对接，接送航天员，交换物资和研究材料。

国际空间站是第一个国际合作建设的空间站，由美国、日本等 16 个国家参与建设。

长期处于失重状态，航天员的
身体很容易骨质疏松、肌肉萎
缩，所以他们必须每天运动。

重力是物体受到地球
吸引而产生的力，因
此远离地球时，人体
和其他物体受地球重
力场影响就会减弱，
会漂浮起来。

　　在空间站里，航天员会一直处于失重状态，吃饭的时候漂浮着，睡觉的时候
漂浮着，上厕所的时候如果不抓紧，也会漂浮起来。

为了不让空中飘满各种食物，袋装食物需要用尼龙搭扣贴在桌上。

来看看航天员都吃些什么。馅饼、烤鱼、牛肉、饼干等，太空食品全是脱水食品，吃之前可以加注一点水，然后放进烤箱加热。

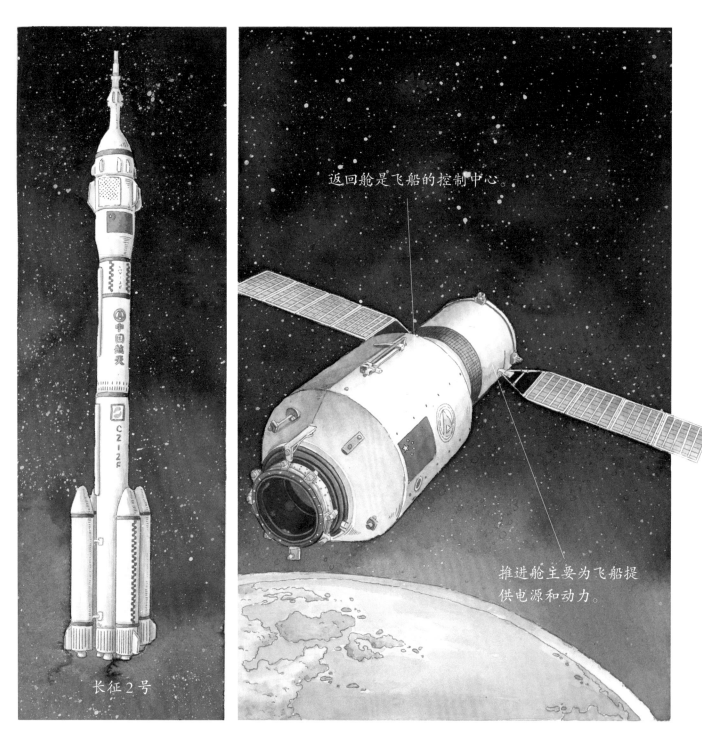

返回舱是飞船的控制中心。

推进舱主要为飞船提
供电源和动力。

长征 2 号

自 1965 年开始，中国自主研制"长征"系列运载火箭和"神舟"系列载
人飞船，至 2016 年，长征 2 号运载火箭已经 6 次载着中国航天员飞向太空。

"嫦娥一号"探测卫星

"嫦娥三号"探测器首次在月球软着陆的地点，经国际天文联合会批准，命名为广寒宫。

"玉兔号"月球车

　　中国探月工程——嫦娥工程，以中国传统神话故事"嫦娥奔月"命名。为了奔向月球，取得珍贵的月球照片和月球地质样本，"嫦娥号"探测器一次又一次地出发。

探索彗星的"乔托号"探测器

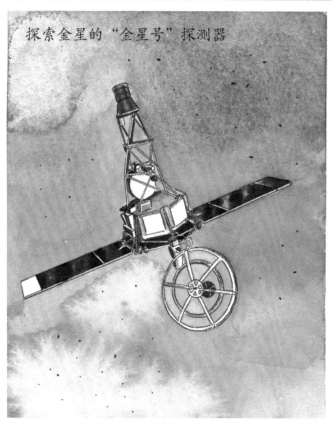

探索金星的"金星号"探测器

探索火星的"好奇号"探测器

过去 40 年间，为了探索我们的地球和其他星球，人类发射了很多探测器。

　　浩瀚的宇宙等着我们去了解，也许在某个星球上也存在着跟我们一样的生命体，也许我们可以去其他星球上生活呢。

奇特的茎叶

美丽的花草

植物的馈赠

不一样的植物

史前动物与身边动物

沙漠动物与水中动物

极地动物与热带动物

地上和地下的动物王国

汽车飞机跑得快

轮船列车肚量大

工程机械好帮手

让一让城市作业车

花样主食和糕点

蔬菜水果要多吃

肉类水产营养多

大豆和调味品的秘密

海洋生物大揭秘

另类海洋生物

海底宝藏探秘

不可捉摸的海洋

奇妙的身体和衣服

身边的科学

物品哪里来

神奇电器仿生学

神奇的地球

善变的地球

地球和恒星

从银河系到宇宙

图书在版编目（CIP）数据

从银河系到宇宙 / 蓝灯童画著绘 . -- 兰州 : 甘肃
科学技术出版社 , 2021.4
　　ISBN 978-7-5424-2817-2

　　Ⅰ . ①从… Ⅱ . ①蓝… Ⅲ . ①宇宙 – 普及读物 Ⅳ .
① P159-49

中国版本图书馆 CIP 数据核字 (2021) 第 061711 号

CONG YINHEXI DAO YUZHOU

从银河系到宇宙

蓝灯童画　著绘

项目团队　　星图说

责任编辑　　赵　鹏

封面设计　　吕宜昌

出　　版　　甘肃科学技术出版社

社　　址　　兰州市城关区曹家巷1号新闻出版大厦　　730030

网　　址　　www.gskejipress.com

电　　话　　0931-8125108（编辑部）0931-8773237（发行部）

发　　行　　甘肃科学技术出版社　　　　印　　刷　　天津博海升印刷有限公司

开　　本　　889mm×1082mm　1/16　　印　　张　　3.5　　字　　数　　24千

版　　次　　2021年10月第1版

印　　次　　2021年10月第1次印刷

书　　号　　ISBN 978-7-5424-2817-2　　定　　价　　58.00元